海洋动物大探秘

海底小纵队™

英国 Vampire Squid Productions 有限公司 / 著绘

海豚传媒 / 编

海中健将

长江出版传媒 | 长江少年儿童出版社

LET'S GO

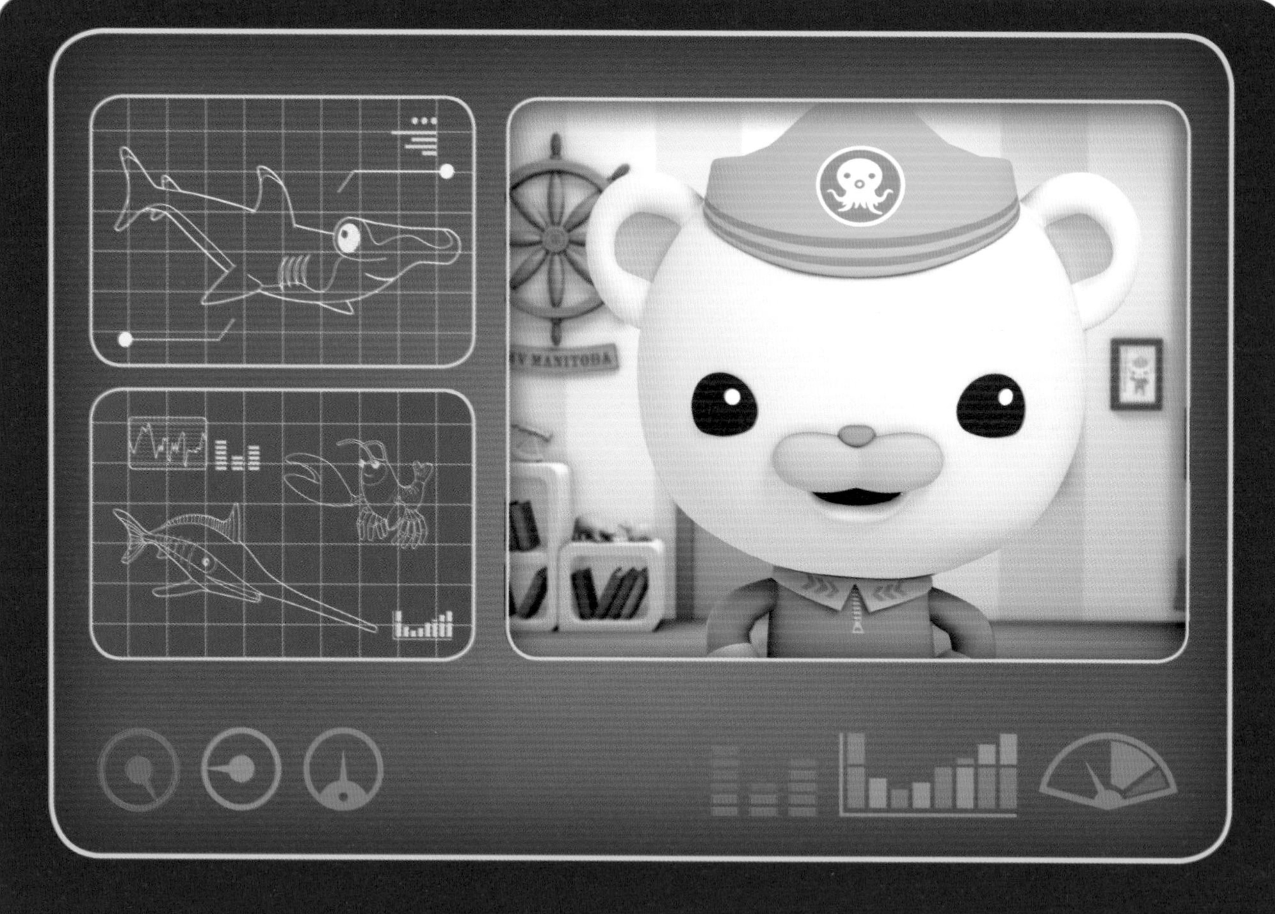

亲爱的小朋友，我是巴克队长！欢迎乘坐章鱼堡，开启美妙的探险之旅。

这次我们将要邂逅九种**身怀绝技的动物**，你准备好了吗？

现在，一起出发吧！

目 录

EXPLORE . RESCUE . PROTECT

海底档案

名称：飞鱼

体长：可达45厘米

分布：温暖海域

食物：小型浮游生物

海中飞行员

飞 鱼

一条小飞鱼的尾鳍受伤了，皮医生正在帮它检查伤口。飞鱼以“能飞”而著名，它们的胸鳍很发达，就像鸟类的翅膀一样。

飞鱼能够跃出水面十几米，在空中停留的时间可超过 40 秒！你知道吗？其实飞鱼只是在空中滑翔，它们并不会飞！

呱唧：

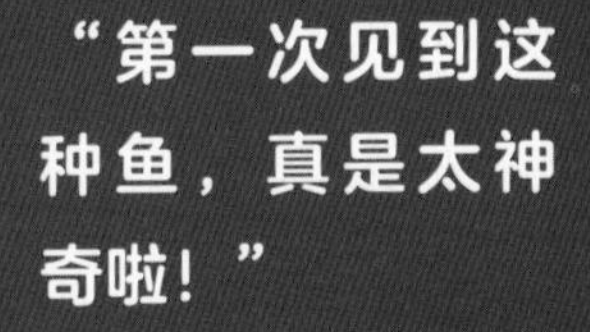

“第一次见到这种鱼，真是太神奇啦！”

当需要滑翔时，飞鱼会冲破水面把胸鳍张开，并用尾部快速拍击水面，从而获得推力。等力量足够时，它们就可以腾空而起了！

突突兔根据飞鱼的“飞行”原理，为虎鲨艇加装了“胸鳍”和“尾鳍”，这样虎鲨艇就可以跟小飞鱼一样在海面上滑翔了。看！虎鲨艇飞起来啦！

>>>>>海星问答区>>>>> 问：飞鱼为什么不会轻易跃出水面？

虽然飞鱼会“飞行”，但它们并不会轻易跃出水面。只有遭到敌人攻击或者受到惊吓时，飞鱼才会施展出这种本领！

悄悄告诉你

飞鱼背部的颜色和海水的颜色很接近。

飞鱼可以在海中以10米每秒的速度高速游动。

飞鱼生活在海洋上层，是各种凶猛鱼类争相捕食的对象。

飞 鱼

海底报告

飞鱼能飞善滑翔
展开翅膀自由行
跳出水面空中停
尾鳍帮忙真便利
飞鱼成群是好风景
游泳迅速还会飞行

答：跃出水面时，飞鱼容易被空中飞行的海鸟捕获。

海底档案

名称：旗鱼

体长：2~3米

分布：热带和亚热带海域

食物：乌贼、秋刀鱼等

极速旗手

旗 鱼

旗鱼的背鳍又长又高，当它竖起来的时候，就像是船上扬起的一张风帆，又像是一面飘扬的旗帜，因此人们叫它旗鱼。

旗鱼有着又长又尖的上颌，和剑鱼非常相似。它们是海底小纵队的好朋友，经常在危急时刻帮助他们。

巴克队长：

“坐在旗鱼背上的感觉真是太刺激了！”

最大的旗鱼可长到 3.4 米，重达 100 千克，是公认的短距离内游泳速度最快的鱼类。它们还曾载着海底小纵队追赶丢失的舰艇呢！

旗鱼为什么会游得这么快？这得益于它流线型的身体，另外它那长剑般的上颌可以将水快速地劈开，强壮的尾鳍能产生巨大的推动力。

>>>>>海星问答区>>>>>　问：除了旗鱼，还有哪种鱼也有着又尖又长的上颌？

旗鱼围猎鱼群时往往会分工协作，把猎物紧紧地聚在一起，然后再吃掉它们。通常情况下，旗鱼是蓝色的，但它们在情绪激动的时候会变换颜色！

悄悄告诉你

旗鱼那又尖又长的上颌非常坚硬。

旗鱼追击目标时，时速可达 170 千米，还可潜到水下 800 米深的地方。

旗鱼种类较多，有黑皮旗鱼、芭蕉旗鱼等。

旗　鱼

海底报告

旗鱼远远游过来
海里速度它最快
激动时候变色彩
色彩从暗变到明
放牧技术真厉害
分工赶小鱼，赶到一起来

答：还有剑鱼。

海底档案

名称：剑鱼

体长：可达5米

分布：热带和亚热带海域

食物：鱼类和甲壳动物等

宝剑骑士

剑 鱼

在一个月圆之夜，呱唧孤身一人来到一艘沉船中寻找宝藏。在这里，他邂逅了一种身藏“魔法宝剑”的生物——剑鱼。

剑鱼也叫箭鱼，因为它的上颌向前延伸呈剑状而得名。剑鱼在外形上跟旗鱼相似，它的游泳速度也堪比旗鱼哟！

呱 唧：

“这些剑鱼看起来好凶啊！”

和旗鱼一样，当剑鱼游泳时，它那长矛般的上颌可以劈开水面，加快游泳的速度。剑鱼的上颌非常锋利，能将很厚的木制船底刺穿。

剑鱼一般在白天捕食，在捕猎时，它们会先搅动海水，扰乱猎物的视线，接着使用“利剑”攻击它们，把猎物撕成碎片或者整个吞掉。

>>>>>海星问答区>>>>> 问：剑鱼的“长剑”有什么作用？

剑鱼拥有独特的肌肉和棕色脂肪组织，它们可以为剑鱼的大脑和眼睛提供温暖的血液，使它即使在寒冷的海洋深处也能存活。

悄悄告诉你

英国伦敦博物馆保存着一块被剑鱼刺穿的厚达 50 厘米的木制船底。

剑鱼的活动范围十分广泛，一般活动深度为 200~600 米。

剑鱼在温暖的赤道水域会全年产卵，在较冷的水域则于春夏季节产卵。

剑 鱼

海底报告

剑鱼住在大海中
也能跳起到半空
若是海水冷又深
眼睛也能来加温
它们鼻子长又尖
锋利似宝剑，木板能刺穿

答：可以加快游泳速度和猎捕食物。

海底档案

名称：梭鱼

体长：可达1.8米

分布：江河口和海湾

食物：低等藻类、有机碎屑等

执着的猎食者

梭 鱼

这是梭鱼，它们喜欢栖息于江河口和海湾内。梭鱼性情活泼，喜爱群居生活，而且非常喜欢亮闪闪的东西，常常被它们吸引过去。

梭鱼个性凶狠，攻击性强。它们的上下颌都长着尖锐的牙齿，外形十分凶猛。

呱唧：

“我的老天爷呀！这些家伙可不好惹啊！”

梭鱼常常用下颌刮食海底泥沙中的低等藻类和有机碎屑。梭鱼的胃肌肉很发达，像一个砂囊，可以压碎和研磨泥沙中的食物。

梭鱼身体细长，体形较大，最大的梭鱼可以长到 1.8 米。它们喜欢在海面上蹦蹦跳跳，常常跃出水面，连续不断地做跳跃动作。

>>>>>海星问答区>>>>>> 问：梭鱼主要分布在哪些水域呢？

梭鱼很有耐心，为了食物可以等待很长时间。海底小纵队曾为了躲避梭鱼想尽了各种办法，可是梭鱼们依然穷追不舍。

悄悄告诉你

迄今发现的梭鱼有20多种，不同海域的梭鱼有着截然不同的行为方式。

成年梭鱼几乎没有天敌，它们视力很好，反应敏捷。

梭鱼会利用自己的身体反射的光线迷惑侵略者。

梭鱼 海底报告

梭鱼爱吃怪东西
看见亮光心欢喜
藏身在红树林里
但不喜欢游进去
若是碰到喜欢的食物
水里等时机，伺机再偷袭

答：梭鱼常常栖息于江河口和海湾内。

海底档案

名称：螳螂虾

体长：可达18厘米

分布：热带海域

食物：甲壳动物等

无敌拳击手
螳螂虾

螳螂虾常栖居于珊瑚礁岩缝、洞穴中，它们的领地意识极强。有一次，章鱼堡着陆在了两只螳螂虾的地盘上，结果它们将章鱼堡的支柱砸穿了。

部分螳螂虾的外壳颜色丰富，包括红、绿、蓝等多种颜色，看上去就像闪闪发光的珠宝。

皮医生：

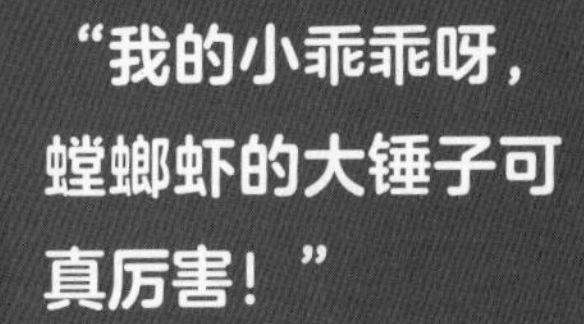

蝗螂虾的第二对颚足非常发达，当它折叠起来时，可以像锤子一样击碎甲壳动物的硬壳；当它伸展开时，又可以轻松刺穿动物的软组织。

蝗螂虾猎食的方式非常像螳螂，它们由此而得名。当有猎物靠近时，它们就用那对弹力十足的颚足狠狠地往猎物身上敲下去。

>>>>>海星问答区>>>>> 问：螳螂虾为什么要砸穿章鱼堡的支柱？

螳螂虾极为好斗，同类之间经常会因为争夺领地而相互打斗，是海洋世界中无可匹敌的“拳击手”，就连巴克队长也拿它们没办法。

悄悄告诉你

螳螂虾的“武器”重量轻并且耐冲击，大约在敲击 5 万次后才会损坏。

螳螂虾会通过周期性的蜕皮来补偿自己“武器”的损耗。

攻击猎物时，螳螂虾可以在五十分之一秒内将“武器”弹射出去。

螳螂虾
海底报告

螳螂虾住在珊瑚礁
沙子里挖洞把命保
钳子力量真不小
像铁锤又像长矛
铁锤力大长矛速度高
力量大无边，玻璃都难保

答：因为螳螂虾的领地意识非常强，它们认为章鱼堡入侵了自己的领地。

海底档案

名称：双髻鲨

体长：可达4.3米

分布：热带、温带海域

食物：鱼类、甲壳动物等

锤头霸王

双髻鲨

海底小纵队偶遇了一群双髻鲨幼鲨，可并没有在附近见到它们的父母。原来，双髻鲨一出生就独立了，幼鲨们团结在一起，相互保护，直到长大。

双髻鲨又叫锤头鲨，它们头部的形状看起来就像古代女子头上梳的双发髻。

谢灵通：

“这些双髻鲨的头长得可真有意思！”

双髻鲨的两只眼睛相距较远。通过来回摇摆脑袋，它们可以看到 360° 范围内的情况。它们的两个鼻孔远远分开，这样更容易辨认气味。

双髻鲨是海中贪婪的掠食者，鱼类、甲壳类和软体动物都是它们的美食。它们喜欢在夜间捕食，经常在海湾和河口处出没。

>>>>>海星问答区>>>>> 问：双髻鲨可以看到它背后的动物吗？

双髻鲨是洄游鱼类，每当季节更替的时候，大群的双髻鲨会组成浩浩荡荡的迁徙队伍，展开一次长途旅行。

双髻鲨

海底报告

双髻鲨们都喜欢
分头找食在夜间
幼鲨从小很独立
生来不需父母管
脑袋两侧有眼睛
身前和身后，都能看得见

悄悄告诉你

一只体形较大的雌性双髻鲨一次可以产下40枚卵。

部分双髻鲨的寿命可超过30年。

双髻鲨是一种危险的鲨鱼，在受到惊吓时会攻击人类。

答：可以，双髻鲨通过来回摇摆脑袋可以看到360°范围内的动物。

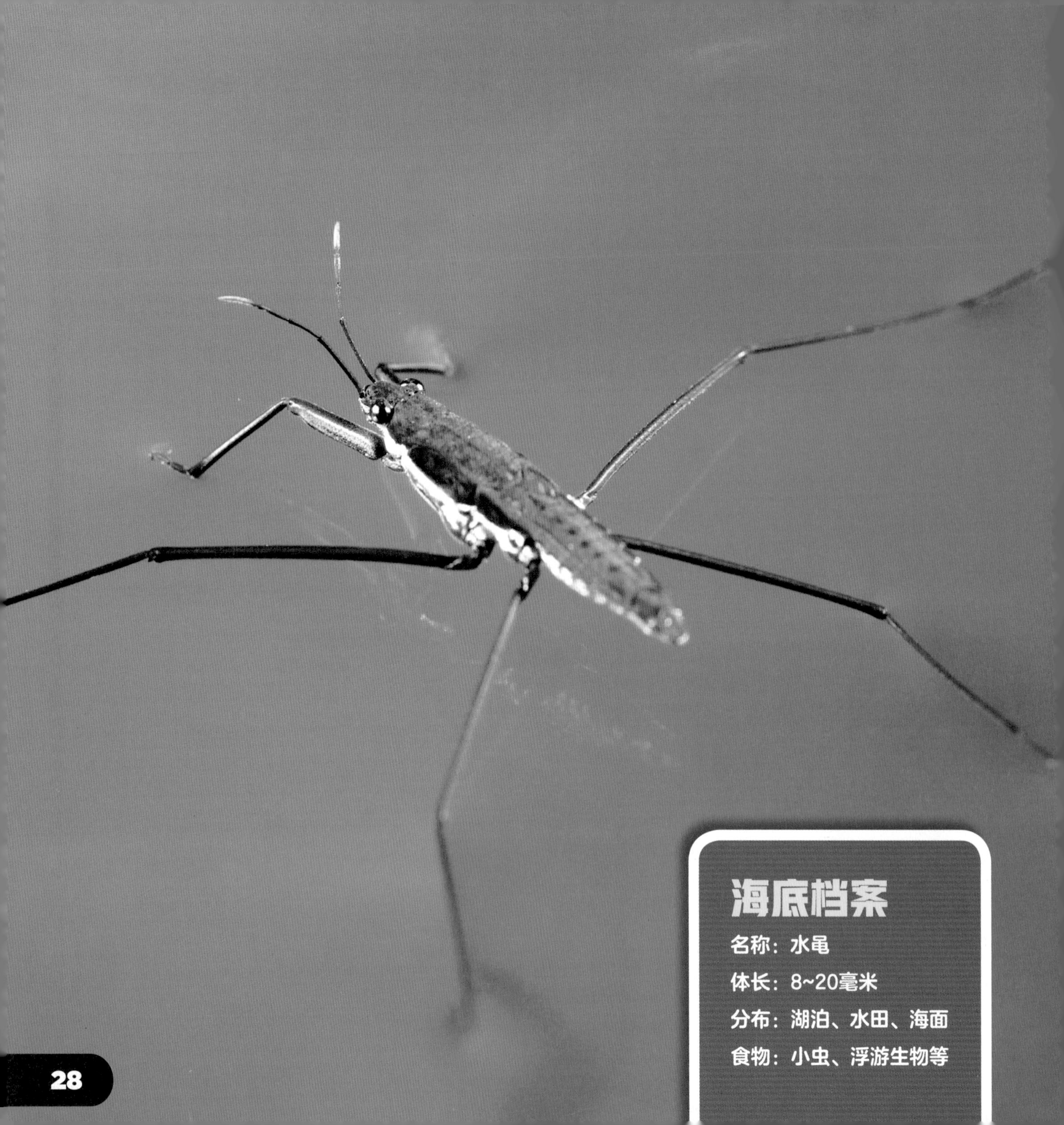
海底档案
名称：水黾
体长：8~20毫米
分布：湖泊、水田、海面
食物：小虫、浮游生物等

海洋速滑手

水 黾

水黾是一种神奇的昆虫，可以在海面上生活。它们身体细长，非常轻盈，腿上长着具有防水作用的细毛，可以灵活自如地在海面上行走。

水黾的中腿和后腿又细又长，它们可以控制滑动的方向和速度。前腿在滑动时常常举起，主要用于捕捉猎物。

呱唧：

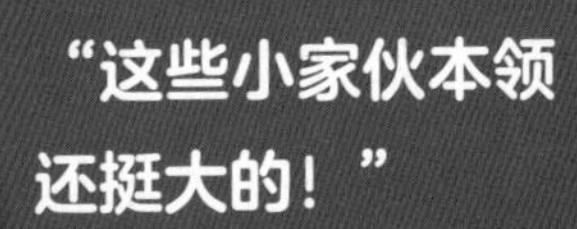

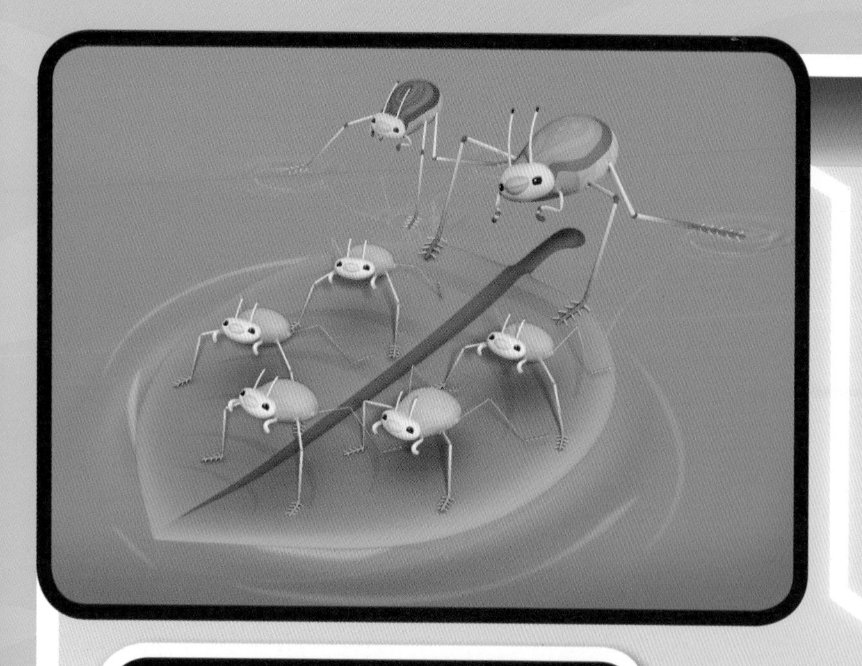

雌性水黾一般会将卵产在水面附近的植物上。海底小纵队曾经遇到过两只成年水黾，它们用叶子推着孵化出来的水黾宝宝在海上滑行。

除了海面漂浮的浮游生物之外，落入水中的小虫也是水黾的食物。水黾腿上有非常敏感的器官，可以帮助它们感知到在水中挣扎的昆虫。

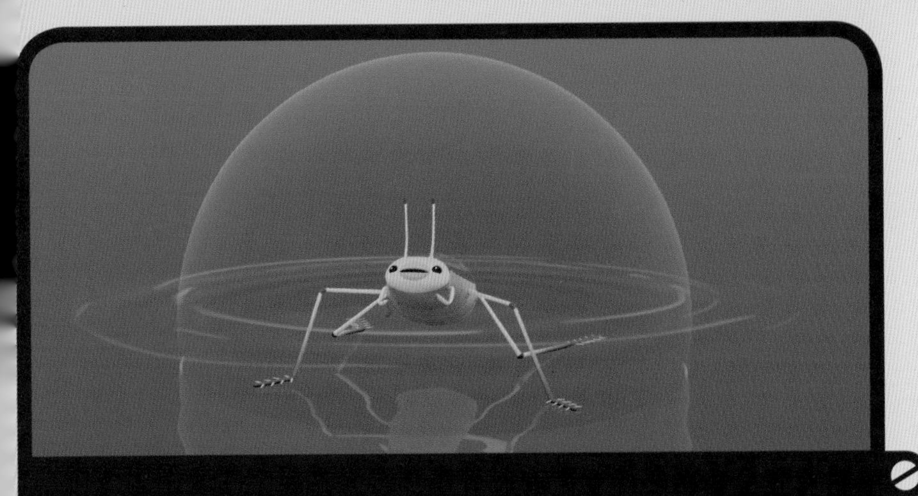

当遇到大风大浪的时候，水黾会迅速潜入水中，制作一个大泡泡。这样即使被冲到水下，它们也能够躲在泡泡里自由呼吸。

悄悄告诉你

水黾滑动的速度非常快，可以达到 1.5 米每秒。

水黾靠一条长腿就能在水面上支撑起自身重量 15 倍的物体。

如果水表面的张力被破坏，水黾就会下沉。

水 黾

海底报告

水黾出海不用船
腿上长毛浮海面
风大浪大不害怕
制造泡泡保安全
海面就是永远的家
昆虫家族里，就它在海面

答：湖泊、水田里也有水黾，只要你留心观察，就会发现它们的身影哟！

海底档案

名称：鼓虾

别名：嘎巴虾、枪虾等

体长：3~5厘米

分布：热带、亚热带浅海

巨音虾将

鼓 虾

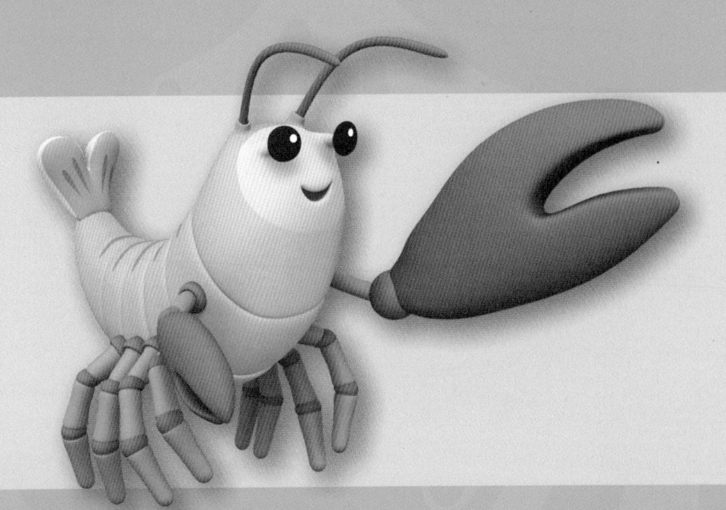

达西西正在一片珊瑚礁里拍照片，一只张开的巨螯从礁石后面伸出来，猛地合上并发出一声巨响，震得达西西丢掉了手中的相机。

原来这是一只鼓虾，鼓虾遇敌时会闭合大螯，发出像打鼓一样响亮的声音，所以叫做鼓虾。

达西西：

“大家戴好耳罩，千万别被鼓虾震晕了！”

几乎所有的鼓虾都生活在海底，它们常常躲在岩石深处，很难被发现。它们依靠大螯闭合时产生的冲击波来击晕猎物，再将它们吃掉。

鼓虾虽然自带“武器”，攻击力很强，但由于其个头儿小，视力不好，它们会和各种各样的海洋生物“结盟”，保持长久的共生关系。

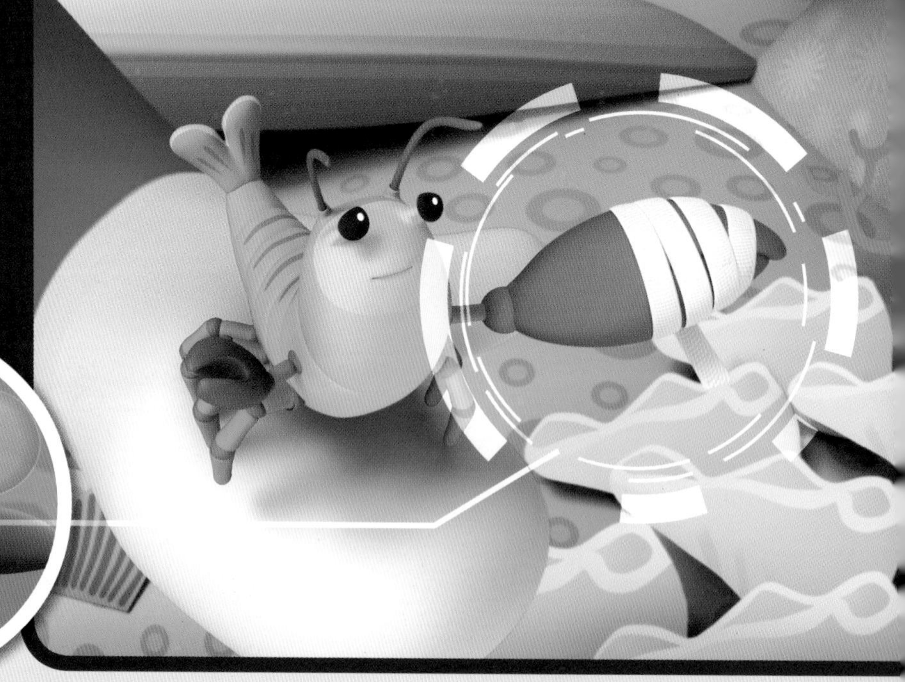

>>>>>海星问答区>>>>>> 问：除了鼓虾，你还认识海里其他种类的虾吗？

鼓虾是海里出了名的“大嗓门”，它们能干扰水下通讯、侦查等活动。在海底，潜艇的声呐系统所受到的干扰主要来自鼓虾。

悄悄告诉你

有些潜艇常常利用海里的鼓虾群逃避声呐的搜索。

鼓虾会“枪击”以珊瑚为食物的海星，并驱逐它们离开珊瑚。

假如鼓虾的大螯脱落了，不久就会重新长出一个螯来。

鼓 虾

海底报告

这只小虾名字叫鼓虾
它小但是威力还挺大
危险有时悄悄靠近它
夹响钳子来把敌人吓
鼓虾身小能耐大
海里最吵闹的就属它

答：螳螂虾、小龙虾等。

海底档案

名称：招潮蟹

特征：有一对大小悬殊的螯

分布：热带、亚热带海岸

食物：藻类及其他微生物

大螯卫士

招潮蟹

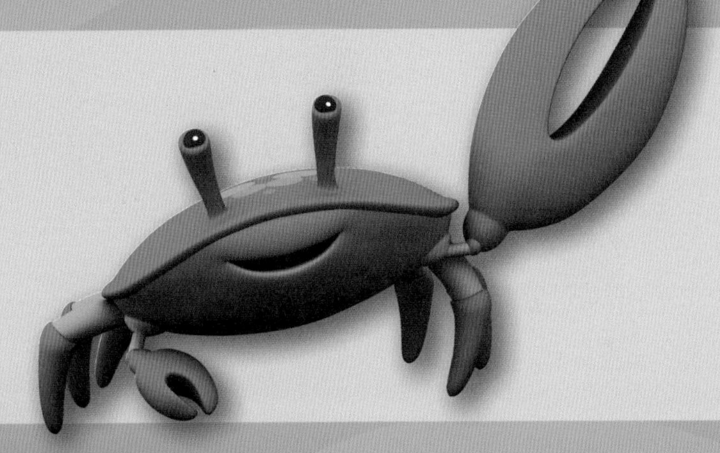

这些举着大螯的生物就是招潮蟹，它们最大的特征是那对大小悬殊的螯。招潮蟹会做出舞动大螯的动作，像是在召唤潮水，因此被称为招潮蟹。

招潮蟹挥舞大螯主要是为了威吓敌人或是求偶。海底小纵队曾经被它们当成敌人而遭到围攻。

“这些家伙好凶啊，大家当心它们的大螯！”

招潮蟹还有一对火柴棒般突出的眼睛。在觅食时，招潮蟹的两只眼睛会高高竖起，观察周围的动静。一旦发现危险，它们就会迅速撤离。

招潮蟹一般栖居在泥泞的海滩，它们的洞穴深度可达 30 厘米。洞穴既可以帮助它们躲避各种捕食者，又可以让它们免受潮水浸淹或太阳直射。

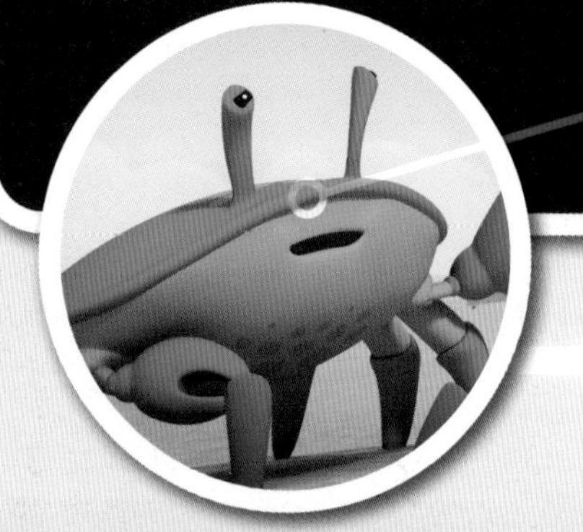

问：除了招潮蟹之外，海里还有哪些蟹呢？

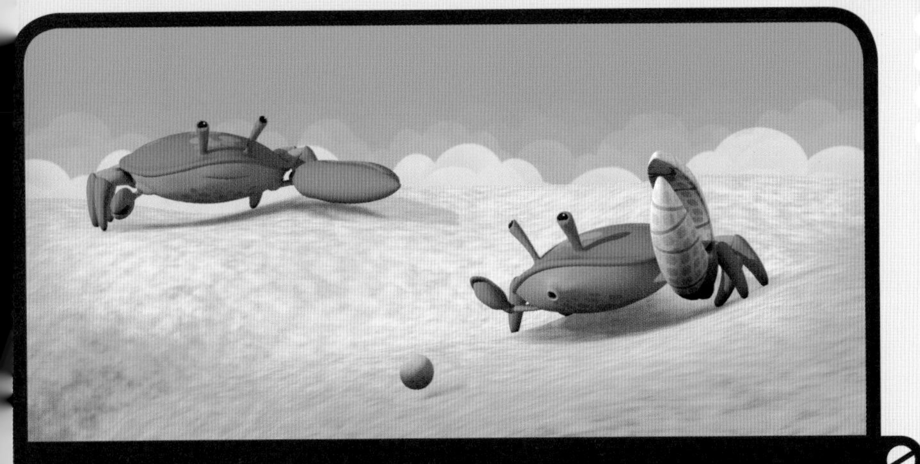

招潮蟹的进食方式很特别，它们会用小螯刮取泥沙送进嘴巴，待食物吸收后，再将不能利用的残渣吐出来。

悄悄告诉你

招潮蟹每隔几天就会更换自己的洞穴。

涨潮时，招潮蟹一般会躲进洞里，退潮后才会到海滩上活动。

招潮蟹嘴里有一个特别的器官，可以将食物分类和过滤。

招潮蟹

海底报告

招潮蟹挖洞在沙里
家在沙子下面不稀奇
若是有人威胁到领地
挥动钳子来表示抗议
它们进食就是吃沙子
好吃咽下去，难吃遭嫌弃

答：寄居蟹、装饰蟹、蜘蛛蟹、雪人蟹等。

图书在版编目 (CIP) 数据

海底小纵队·海洋动物大探秘．海中健将 / 海豚传媒编．-- 武汉：长江少年儿童出版社，2018.11

ISBN 978-7-5560-8694-8

Ⅰ．①海… Ⅱ．①海… Ⅲ．①水生动物－海洋生物－儿童读物 Ⅳ．① Q958.885.3-49

中国版本图书馆 CIP 数据核字 (2018) 第 154535 号

海中健将

海豚传媒 / 编

责任编辑 / 王　炯　　张玉洁

装帧设计 / 刘芳苇　　美术编辑 / 杨　念

出版发行 / 长江少年儿童出版社

经　　销 / 全国新华书店

印　　刷 / 江西华奥印务有限责任公司

开　　本 / 889×1194　1 / 20　2印张

版　　次 / 2018年11月第1版第1次印刷

书　　号 / ISBN 978-7-5560-8694-8

定　　价 / 15.90元

本故事由英国Vampire Squid Productions 有限公司出品的动画节目所衍生，OCTONAUTS动画由Meomi公司的原创故事改编。

策　　划 / 海豚传媒股份有限公司

网　　址 / www.dolphinmedia.cn　　邮　　箱 / dolphinmedia@vip.163.com

阅读咨询热线 / 027-87391723　　销售热线 / 027-87396822

海豚传媒常年法律顾问 / 湖北珞珈律师事务所　　王清　　027-68754966-227